523.6
ASI
Comètes et météores
Asimov, Isaac

Isaac Asimov

comètes
et météores

texte français de Robert Giraud

bibliothèque de l'univers

Père Castor
Flammarion

Sommaire

Introduction	3
Qu'est-ce qu'une comète ?	5
Qu'est-ce qu'un météore ?	6
Les comètes et les averses de météores	9
D'où viennent les comètes ?	10
Bloc rocheux ou boule de neige sale ?	12
Une avalanche de météores	14
Les grandes comètes	17
La comète de Halley	18
Faut-il avoir peur des comètes ?	20
La mort des comètes	22
Mieux vaut n'y pas penser	25
Des sondes sur les traces de la comète de Halley	26
Quelques repères	28
Que lire, que visiter, où se renseigner	30
Lexique	31

Copyright texte © 1990 Nightfall, Inc.
Copyright finitions © 1990 Gareth Stevens, Inc.
Copyright format © 1990 Gareth Stevens, Inc.

Titre original : *Comets and Meteors*
© 1991 Père Castor-Flammarion
pour la traduction française et la mise en pages
Loi n° 49-956 du 16 juillet 1949 sur les publications destinées à la jeunesse

Introduction

Les hommes, à notre époque, ont vu
les planètes en gros plan. Un engin a atteint
tout récemment la si lointaine Neptune. Nous
avons dressé la carte de Vénus malgré
sa couverture de nuages, aperçu des volcans
éteints sur Mars et d'autres en activité sur Io,
l'un des satellites de Jupiter. Nous avons repéré
des objets bizarres, tels que les quasars,
les pulsars et les trous noirs. Non contents de
regarder les étoiles grâce à leur lumière visible,
nous étudions également les autres radiations
qu'elles émettent : infrarouges, ultraviolets,
rayons X, ondes radio. Nous avons même
détecté d'infimes particules, appelées neutrinos,
qui proviennent d'étoiles explosant dans d'autres
galaxies.
Il y a bien longtemps, pourtant,
que les hommes observent le ciel et y
aperçoivent des objets variés. Telles les comètes,
qui provoquaient chez nos lointains ancêtres
une terreur panique. Les étoiles filantes,
ou météores, les intriguaient aussi beaucoup.
Ils se demandaient s'il ne s'agissait pas d'étoiles
qui avaient quitté leur place au firmament pour
dégringoler vers la Terre. Que savons-nous,
aujourd'hui, de ces astres fantasques ?

Qu'est-ce qu'une comète ?

Dans le ciel apparaissent de temps en temps des nébulosités diffuses, d'abord à peine visibles, puis d'un éclat toujours plus vif chaque nuit à mesure qu'elles avancent sur le fond des étoiles dites fixes. La tache floue du début, s'étire en une queue qui est tournée dans la direction opposée à celle du Soleil. Plus l'éclat de la comète augmente, et plus sa traîne s'allonge, couvrant parfois tout un quartier du ciel. Puis la comète s'éloigne, sa lueur s'affaiblit, sa queue se réduit et s'évanouit complètement. Pour la plupart des gens, le mot de comète évoque avant tout cette fameuse traîne lumineuse. Les hommes d'autrefois représentaient les comètes sous la forme d'une tête de femme à la longue chevelure flottante. D'ailleurs, en grec, «komè» veut dire : chevelure.

◀◀ La comète Ikeya-Seki photographiée tôt le matin au-dessus de la région de Tucson, dans l'Arizona (Etats-Unis).

◀ La tête de femme à la chevelure démesurément étirée qui symbolise traditionnellement les comètes.

Qu'est-ce qu'un météore ?

D'autres corps ont une existence très brève. Ils n'ont pas moins fortement intrigué, et même souvent épouvanté, les hommes durant des siècles. Les météores se présentent comme des étoiles mobiles qui traversent le ciel avant de disparaître. Vous pouvez également observer ce qu'on appelle des «étoiles filantes» par les belles nuits sans lune, surtout après minuit. On en aperçoit parfois des douzaines en une seule nuit. D'ordinaire, ces météores sont peu brillants, mais certains jettent un vif éclat et ont reçu le nom de bolides. Les météores ne sont pas des étoiles, car celles-ci ne tombent jamais, même quand l'on parle de «pluies d'étoiles». En grec, «*meteôros*» signifie «élevé, situé haut dans le ciel». Le terme est exact : il s'agit bien de corps qui évoluent dans les hautes couches de notre atmosphère.

▶ Un peintre a représenté ainsi un bolide éclairant brièvement le ciel au lever du Soleil. Les curieux qui, en bas sur Terre, scrutaient le ciel au même instant ont cru voir passer une «étoile filante».

En encart : quand le bloc de roche qui forme le météore ne se consume pas entièrement dans l'atmosphère, il heurte la surface terrestre, et on l'appelle alors une météorite. C'est à des météorites que l'on doit plusieurs cratères creusés sur la Terre, et surtout sur la Lune, sur Mars et d'autres corps du système solaire.

▼ Trouvaille dans l'Antarctique. Un scientifique examine une météorite supposée provenir de Mars.

❓ Les météorites sont-elles des «lunoïdes» déguisés ?

On trouve dans plusieurs météorites les mêmes matériaux que dans les roches lunaires, et dans les mêmes proportions. Quand des météoroïdes s'abattent sur la Lune et y forment des cratères, la gravité de notre satellite est si faible que certains fragments de sol arrachés par le choc peuvent se trouver projetés dans l'espace. Certaines météorites ramassées sur Terre seraient alors de vraies pierres de lune. Un tout petit nombre de météorites contiennent des gaz de la même composition que sur Mars. Nous aurions donc également sur notre globe quelques «pierres de Mars».

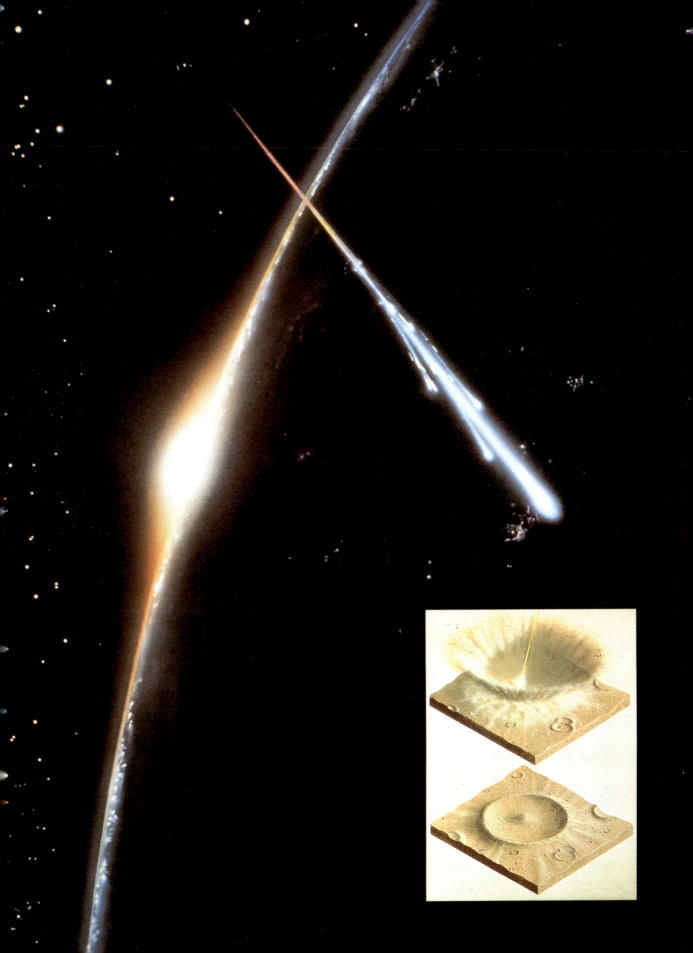

Les comètes et les averses de météores

Il existe une relation entre comètes et météores. La nébulosité cométaire est formée d'innombrables poussières qui se disséminent le long de l'orbite et se rassemblent parfois en nuages. Il arrive que la Terre rencontre l'un de ces nuages. Les poussières, lancées à toute allure, pénètrent dans l'atmosphère terrestre, où le frottement avec les molécules de gaz les chauffe à blanc. Elles se mettent donc à luire, nous donnant le spectacle d'une «averse météorique». Il existe des années, et des périodes dans ces années, particulièrement favorables pour l'observation de ce phénomène. Les curieux sont alors nombreux à scruter le ciel.

1. Les débris d'une comète après qu'elle s'est consumée. De minuscules poussières demeurent dans le sillage de l'astre disparu, provoquant des météores si la Terre vient à les croiser.

2. L'éclatante comète Bennett, apparue en 1969, telle qu'on pouvait l'observer au télescope.

3. Les averses météoriques ont lieu quand notre planète coupe la queue d'une comète.

D'où viennent les comètes ?

D'innombrables apparitions de comètes ont été signalées durant l'histoire de l'humanité. Ces comètes semblaient, à chaque fois, surgir du néant. En 1950, l'astronome Jan Oort émit l'idée qu'il y avait des billions de comètes en orbite autour du Soleil à une distance considérable de celui-ci. Ce nuage, qui ressemblerait plutôt, en fait, à une coquille enveloppant tout le système solaire, a reçu le nom de nuage de Oort.
Il est formé de blocs de glace qui retiennent prisonnières des particules rocheuses et ont parfois un noyau rocheux. Suite à un choc avec un autre bloc, ou sous l'effet de l'attraction d'une étoile, la course d'un noyau cométaire peut se trouver ralentie. Ce noyau «tombe» alors vers le Soleil. Il se réchauffe peu à peu, la glace fond et donne une vapeur chargée de poussières. C'est cette vapeur entourant le noyau, et appelée «tête» de la comète, que nous apercevons depuis la Terre.

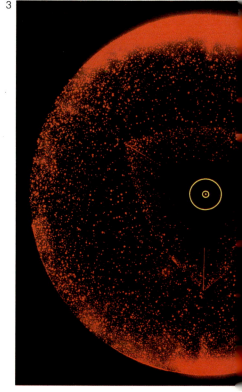

2. Un «accident» qui se produit rarement dans les profondeurs de l'espace : deux comètes se heurtant au sein du nuage de Oort. Leur vitesse, en raison du choc, va se réduire et les petits corps vont amorcer une longue descente qui les rapprochera du Soleil et les amènera dans notre champ de vision des millions d'années plus tard.

1. Le Hollandais Jan Oort (à gauche), après avoir étudié les mouvements de quelques dizaines d'orbites cométaires, a émis l'hypothèse de l'existence d'un immense nuage de comètes.

3. L'aspect que pourrait avoir le nuage de Oort : une sorte de coquille enveloppant tout le système solaire. Pour situer les distances, on a représenté sous la forme d'un petit rond jaune l'orbite de Pluton, qui est pourtant la planète la plus éloignée du Soleil.

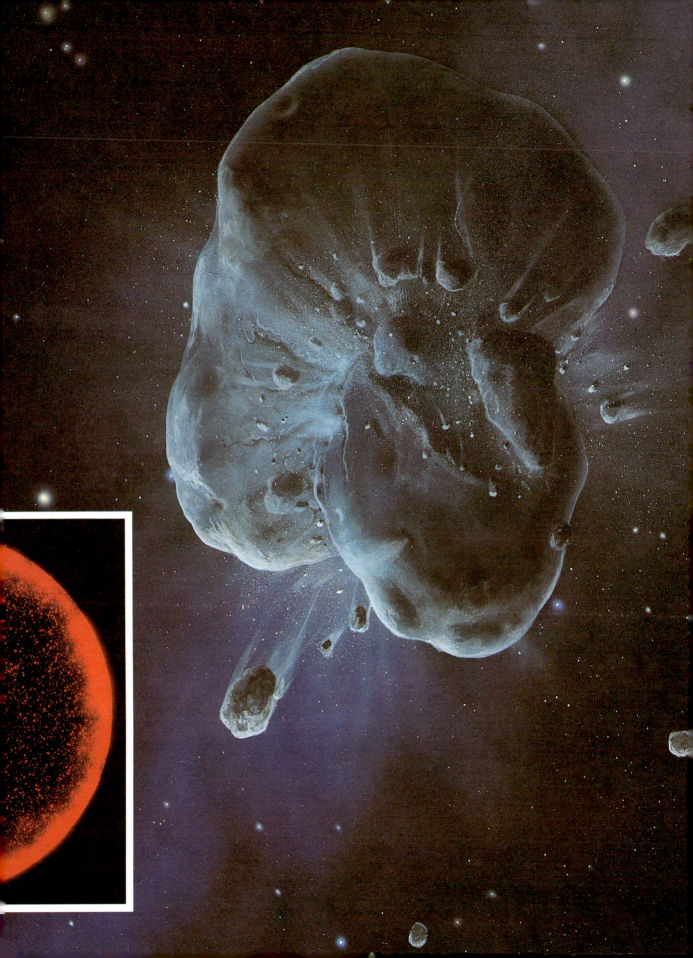

Bloc rocheux ou boule de neige sale ?

Parce que les comètes sont faites de glace et de poussières, on les appelle quelquefois des «boules de neige sale». Mais les météores n'ont pas toujours pour origine les poussières cométaires. Ils peuvent provenir également d'astéroïdes ou d'autres corps du même genre, composés de roches et de métal. Tant que ces matériaux demeurent dans l'espace extraterrestre, on les désigne sous le nom de météoroïdes. Lorsque les météoroïdes pénètrent dans l'atmosphère, on les nomme des météores. La plupart sont minuscules, et la chaleur dégagée par le frottement de l'atmosphère les anéantit. Quelques-uns sont trop gros pour brûler entièrement, et certains de leurs fragments atteignent la surface du globe terrestre. Ces débris sont les météorites.

!
● **Une astuce pour repérer les météorites**
Si vous n'avez pas été directement témoin de l'impact d'une météorite sur le sol, vous avez bien peu de chances de la retrouver, puisqu'il s'agit d'un caillou à première vue tout à fait ordinaire. La situation est radicalement différente dans les étendues neigeuses de l'Antarctique. Tout caillou que l'on y trouve n'a pu que tomber du ciel.

1. Une découverte de météorites dans l'Antarctique. On a recueilli sur le continent blanc quelque 7 000 échantillons depuis les années 60.

2. La représentation la plus exacte d'une comète est une boule de neige sale. Des fragments de roche et des poussières y sont amalgamées avec de la glace. A mesure que la comète se rapproche du Soleil, la glace se vaporise, et les poussières se dispersent dans l'espace avec la vapeur formée. Pour le comprendre, regardez les différents dessins placés en diagonale du coin inférieur gauche au coin supérieur droit.

3. Coupe d'une météorite. On voit que seule sa «peau» a souffert de sa chute sur notre Terre. L'intérieur de la roche donne aux scientifiques d'intéressantes indications sur la jeunesse du système solaire.

Une avalanche de météores

Tout le monde sait, de nos jours, que des pierres peuvent tomber du ciel. Autrefois, ceux qui se risquaient à l'affirmer n'étaient pas toujours pris au sérieux. Or, il se trouva qu'en 1833, la Terre traversa une concentration de poussières particulièrement dense. On aperçut au moins 200 000 météores en une seule nuit. Ce fut la plus grande averse météorique jamais enregistrée. Beaucoup crurent que c'étaient les étoiles qui se décrochaient et que la fin du monde était arrivée. La nuit d'après, cependant, les étoiles étaient toujours à leur place habituelle. Il fallut bien expliquer l'averse par des phénomènes météoriques et admettre l'idée que des cailloux pouvaient pleuvoir du ciel.

▼ La grande averse de 1833 vue depuis les chutes du Niagara.

▶ Quel meilleur endroit qu'un ballon pour observer une averse de météores ?

Les grandes comètes

De même que les météoroïdes, les comètes peuvent avoir des formes et des dimensions extrêmement variées. Certaines sont relativement grosses. En 1811 apparut une comète qui avait pour tête une nébulosité plus grande que le Soleil et dont la queue s'étirait sur des millions de kilomètres. Cette queue n'était faite que d'inoffensives poussières, mais le spectacle était impressionnant. D'autres grosses comètes ont été vues en 1861, en 1882 et en 1910. Les traînes de celles de 1861 et de 1910 barraient la moitié du ciel. Depuis 1910, on a bien aperçu des comètes assez brillantes, mais aucune d'elles ne pouvait rivaliser avec celles de la période d'avant 1910. A dire vrai, aucun des humains actuellement vivants n'a jamais pu voir de comète réellement grandiose.

◀ La comète Donati survolant Notre-Dame-de-Paris. En encart, la superbe queue de la comète Seki-Lines en 1962.

▼ La plus célèbre de toutes les comètes, celle de Halley, vue en 1910.

Espoirs déçus

Les astronomes croient parfois que les comètes lointaines qu'ils aperçoivent sont de grande taille. Puisque la comète Kohoutek, observée en 1973, était à une très grande distance, tout le monde pensa qu'il s'agissait d'un objet énorme et brillant. Il n'en fut rien. La comète West, par contre, dont personne n'attendait grand-chose, se révéla assez brillante. Ce qui importe, souvent, pour la beauté du spectacle, c'est la proportion de roches que contiennent les comètes. Si elles sont recouvertes d'une épaisse carapace rocheuse, le Soleil ne parviendra guère à les faire briller.

La comète de Halley

Isaac Newton, qui découvrit en 1687 la loi de l'attraction universelle, avait un ami, Edmund Halley, qui se passionnait pour les comètes. Cet ami avait observé en 1682 une comète qui suivait la même orbite que d'autres corps du même genre aperçus précédemment en 1531 et en 1607. Halley, s'appuyant sur la loi de l'attraction universelle, prouva qu'il s'agissait en fait d'une seule et même comète qui tournait autour du Soleil sur une longue orbite et qui repassait au même endroit tous les 76 ans. Il prédit son retour pour 1758. Il ne s'était pas trompé de beaucoup : la comète revint, en fait, en 1759 et reçut alors le nom de comète de Halley, en l'honneur de celui qui avait compris son mouvement. Les apparitions suivantes eurent lieu en 1835, 1910 et en 1986.

En fond d'image, un dessin du XVe siècle figurant la comète de Halley.

1. Une autre représentation, du XVIIe siècle celle-là, de la même comète.

2. Edmund Halley fut le premier à prédire un retour de comète.

3. La sonde européenne Giotto nous a fourni le premier gros plan d'une comète, celle de Halley précisément. Nous voyons ici son noyau, photographié d'une distance de 26 000 km.

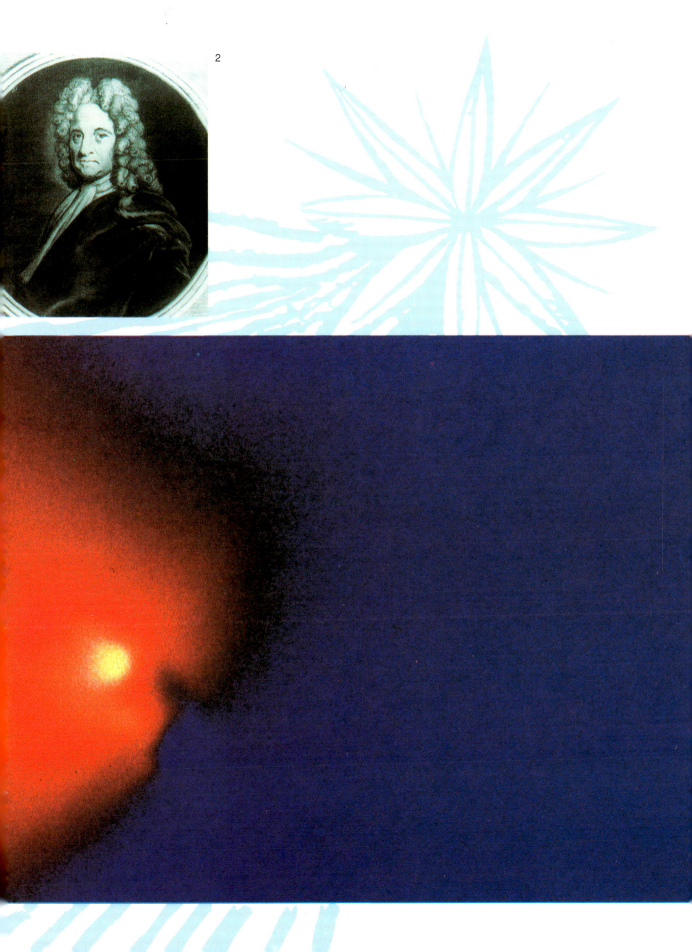

Faut-il avoir peur des comètes ?

Avant que Halley ne détermine la trajectoire d'une première comète, les hommes voyaient dans ces apparitions inexplicables des présages d'événements à venir. Et comme la queue de ces astres évoquait des cheveux de femme, ils pensaient qu'elles annonçaient immanquablement des guerres et autres catastrophes. A l'apparition d'une comète, les gens se mettaient à prier, le tocsin sonnait au clocher des églises. Des scènes d'effroi ont même eu lieu à des périodes toutes récentes. En 1910, on crut que la Terre allait plonger dans la queue de la comète de Halley. Là encore, bien des gens s'imaginèrent que la fin du monde était arrivée. Mais cette queue de comète, comme toutes les autres, n'est qu'un simple nuage de poussière, bien incapable de causer le moindre tort à la Terre.

Dans le coin supérieur gauche : dessin humoristique ou idée macabre ? Une comète détruit la Terre, à la grande satisfaction de l'Homme de la Lune.

En fond d'image : «Oh non ! pourvu que ce ne soit pas une comète !» Même à l'époque moderne, les hommes (ici les habitants de Paris, en 1811) redoutaient que les comètes ne soient un présage de malheur.

Dans le coin inférieur droit : Montezuma, empereur des Aztèques, effrayé par une comète en 1520.

● **Des messagères de malheur ?**

La comète de Halley apparut en l'an 66 de notre ère. Quatre ans plus tard, la révolte des Juifs fut brisée par Rome. On la vit aussi en 1066, année où les Normands de Guillaume le Conquérant envahirent l'Angleterre. Autre passage en 1456, au moment où les Turcs balayaient les derniers vestiges de l'Empire byzantin. A chaque apparition de comète, on a une guerre, la mort d'un souverain ou une autre catastrophe. N'est-ce pas surprenant ? Oui, mais le malheur ne frappe-t-il pas aussi les années où n'apparaît aucune comète ?

La mort des comètes

Chaque fois qu'une comète se rapproche du Soleil, elle perd par évaporation une partie des matières gelées de son noyau, qui passent alors dans sa tête et dans sa queue. Ces substances, elle ne les retrouvera jamais. La comète rapetisse ainsi peu à peu et, après quelques centaines ou quelques milliers de passages à proximité du Soleil, elle ne contient plus de glace du tout. Le noyau rocheux qui subsiste n'est plus guère qu'un météoroïde perdu dans l'espace cosmique. Les comètes qui n'ont pas de noyau se dissolvent totalement, ne laissant derrière elles qu'un nuage de poussière. Les astronomes ont observé des disparitions de comètes. Une comète, une fois détruite, ne respecte plus ses rendez-vous réguliers avec la Terre. Elle a cessé d'exister.

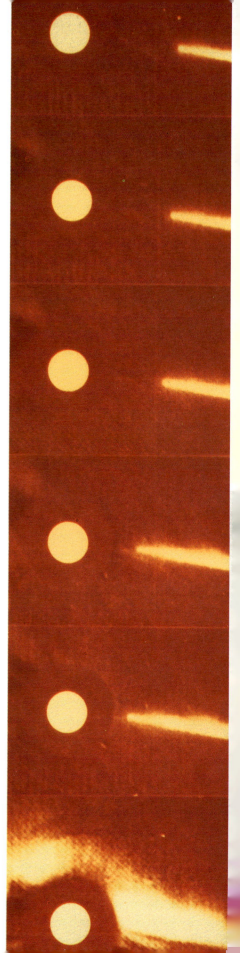

Sur la page du gauche : cette série de photos nous fait assister à la collision d'une comète avec le Soleil. Elle a été prise par un appareil placé hors de l'atmosphère et conçu spécialement pour observer l'activité solaire. Ces clichés, réalisés en 1979, nous montrent la comète Howard-Koomen-Michels se dirigeant vers le Soleil. Seul en subsiste un nuage de gaz et de poussière derrière notre étoile.

Sur la page de droite : cette comète est aussi éloignée du Soleil que la planète Saturne, et pourtant la chaleur du Soleil agit sur elle. Sa glace se gazéifie pour former une amorce de queue.

En encart : vu par un artiste, le panache de poussière demeurant après le plongeon d'une comète sous la surface du Soleil.

❓ Vols en rase-mottes et «suicides» de comètes

Certaines comètes, dans leur «chute», se rapprochent à une distance du Soleil d'un million de kilomètres ou même parfois moins. Au cours de ce «rase-mottes», la chaleur de l'étoile peut les réduire à un faisceau de quatre ou cinq longs filaments qui, au passage suivant, formeront autour du Soleil une série de colliers. Les astronomes ont même vu des comètes plonger droit dans les profondeurs du Soleil. On ignore jusqu'à présent les causes exactes de cette dégringolade des comètes depuis le nuage de Oort jusqu'aux environs immédiats du Soleil.

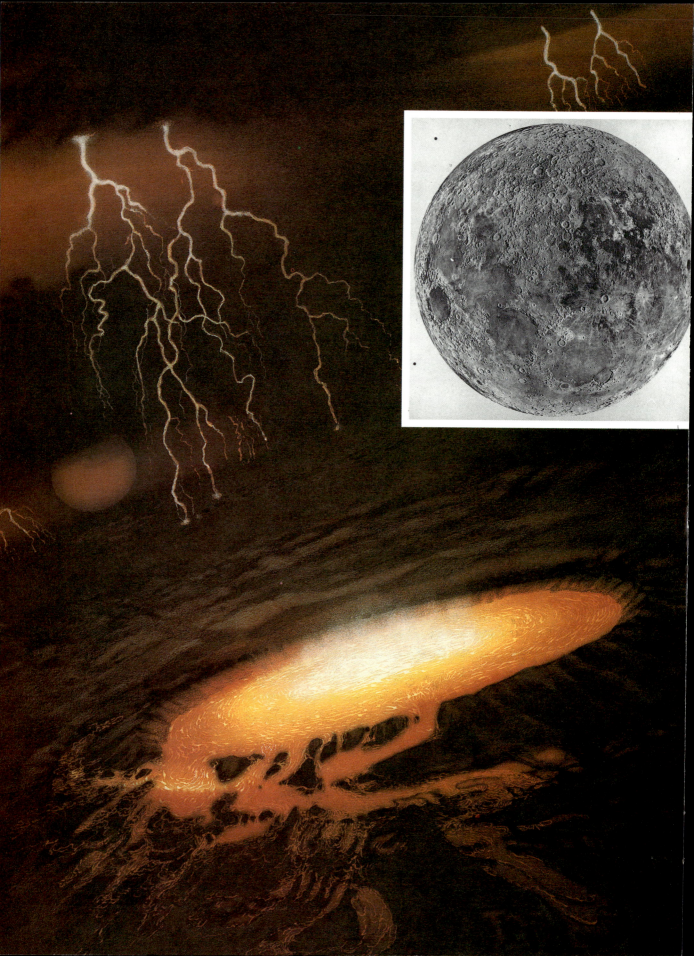

Mieux vaut n'y pas penser

Depuis bien longtemps foncent vers la Terre d'innombrables objets cosmiques. La plupart d'entre eux brûlent en gerbe de feu dans notre atmosphère. Certains spécialistes estiment que la Terre est bombardée journellement par des milliers de minicomètes. En quelques milliards d'années, elles ont pu apporter assez d'eau pour «remplir» les océans, et elles sont peut-être à l'origine de l'extinction des dinosaures.
Tandis que les savants se querellent à propos des mini-comètes, nous pouvons prédire en toute certitude ce qui arriverait si un météoroïde ou une comète de bonne taille heurtait la Terre. On a trouvé dans l'Arizona, aux Etats-Unis, un cratère de plus d'un kilomètre de diamètre creusé par une météorite tombée à une date qui se situe entre 15 000 et 40 000 ans de nous. En 1908, c'est sans doute à la chute d'une petite comète que l'on doit le cataclysme qui a couché les arbres dans toute une région, heureusement inhabitée, de Sibérie. Si le choc s'était produit dans une ville, il aurait pu entraîner la mort de millions de personnes. Les cratères d'impact, sur Terre, sont peu à peu effacés par l'action du vent, de l'eau et des êtres vivants. La surface des astres dépourvus d'atmosphère, telle la Lune, est au contraire constellée d'innombrables cratères jamais comblés.

❓ Les comètes responsables de la disparition des dinosaures ?

Quand les scientifiques analysent des roches terrestres vieilles de 65 millions d'années, ils y découvrent des quantités anormalement élevées d'un métal rare, l'iridium. Cet iridium a pu être apporté par un corps céleste tombé sur Terre. Or cela fait précisément 65 millions d'années que les dinosaures se sont éteints. Ont-ils été victimes d'une catastrophe naturelle résultant de l'écrasement d'une comète ou d'une météorite ? Telle est la question que se posent les savants. Une autre chute pourrait-elle un jour, de la même façon, anéantir d'autres formes de vie, y compris la nôtre ?

◀◀ Des quantités de comètes et d'astéroïdes se sont écrasés sur la Terre et sur la Lune aussitôt après leur formation. L'atmosphère, les océans et l'activité volcanique de notre planète ont fini par faire disparaître la plupart des traces de ces chocs.
En encart : le sol lunaire qui, lui, a gardé l'aspect qu'il avait il y a des milliards d'années.
◀ Est-ce la chute d'une comète qui a condamné à mort les dinosaures ?

Des sondes sur les traces de la comète de Halley

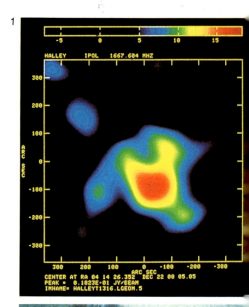

Lorsque la comète de Halley repassa en 1986, elle était attendue par plusieurs sondes : deux japonaises, deux soviétiques (les Véga) et une européenne, la sonde Giotto.
Ces engins ont transmis sur Terre des informations et des clichés de grande valeur. Nous avons appris, par exemple, que Halley était beaucoup plus grande qu'on ne le pensait auparavant. Elle a les dimensions et la forme de l'île de Manhattan, à New York. De plus, elle est noire comme du charbon. Sa croûte de glace s'est évaporée, laissant apparaître les poussières. C'est pratiquement une boule de neige sale sans neige ! Là où se poursuit encore l'évaporation de la glace, en des endroits où la carapace rocheuse est mince et craquelée, des jets de gaz et de poussière sont expulsés dans l'espace. La composition des poussières de la comète de Halley nous a fourni bon nombre de renseignements sur l'espace interstellaire et le début du système solaire. Les scientifiques pensent que les rendez-vous cométaires iront en se multipliant et que nous utiliserons les comètes comme des sortes de sondes pour nous informer sur les régions éloignées du cosmos.

1. Une image de la comète de Halley fournie par un radiotélescope.

2. Ce montage de 60 photos prises par Giotto nous montre les jets de gaz qui s'échappent de la surface de la comète de Halley.

3. Il est prévu, lors d'une prochaine mission, de placer une sonde en orbite autour du noyau d'une comète pour observer les modifications de ce noyau à mesure que la comète parcourt son orbite autour du Soleil.

Quelques repères

Aussi loin que l'on remonte dans l'histoire, on voit que les hommes ont toujours associé les comètes aux changements (surtout malheureux) de leur existence et à la prédiction de l'avenir. Mais nos ancêtres ne pouvaient se satisfaire longtemps d'être ainsi le jouet d'inexplicables caprices du ciel. Déjà les Babyloniens pressentaient que les comètes étaient des corps célestes, tout comme les planètes et les étoiles. A partir des XVe-XVIe siècles, les Européens ont commencé à considérer les comètes comme un phénomène astronomique. Après avoir observé en 1682 la comète qui porte désormais son nom, Halley en vint à l'idée que les corps de ce type décrivaient des orbites elliptiques semblables à celles des planètes et que leurs passages pouvaient donc être calculés, prédits et guettés. C'est grâce à la loi de l'attraction universelle énoncée par Newton que Halley annonça que la comète qui avait survolé la Terre en 1607 et en 1682 reviendrait en 1758. En fait, son retour n'eut lieu qu'en 1759, parce qu'elle était passée entre-temps dans le voisinage de Jupiter, dont la forte gravité avait ralenti sa course. La prédiction était pourtant d'une précision suffisante pour que, en l'honneur de Halley, on donne son nom à l'astre chevelu. Le tableau ci-contre reprend les principaux événements associés à d'autres passages de la plus célèbre, sans doute, de toutes les comètes.

Peinture chinoise sur soie. 168 avant notre ère.

Halley vue en 1066, d'après la tapisserie de Bayeux

Une représentation polonaise de la comète. Début du XVIIe siècle.

En fond de page, la comète de Halley dessinée vers 1345 en Grande-Bretagne.

240 av. J.C.	Première mention de la comète de Halley, "l'étoile chevelue" ou "l'étoile-balai" des Chinois. Depuis cette date, toutes les apparitions de la comète ont été signalées.
164 av. J.C.	Notation sur une tablette babylonienne retrouvée en 1985.
11 av. J.C.	La naissance du Christ est située un peu plus tard, mais certains historiens croient néanmoins qu'elle a eu lieu précisément à cette date et que la fameuse étoile de Bethléem aurait été la comète de Halley.
66	Mention dans des textes chinois. Interprétée comme la prédiction de la destruction du temple de Jérusalem par les Romains quatre ans plus tard, en 70 de notre ère.
141-374	Domination de l'Empire romain. Ni les Romains, ni les Grecs ne se passionnaient autant pour l'astronomie que les Chinois. Toutes les mentions de Halley durant cette période sont donc dues à ces derniers.
684	La plus vieille représentation connue de la comète, gravée sur du bois, fait son apparition en Allemagne. On considéra alors que la comète avait annoncé des ouragans, une mauvaise récolte et la peste.
837	L'observation la plus nette jamais mentionnée jusque-là. Elle est attestée seulement par les Chinois. La comète est passée alors à moins de 6 millions de kilomètres de la Terre. Son apparition fut interprétée ultérieurement comme le présage de la mort d'un empereur trois ans plus tard.
1066	Est censée avoir annoncé la défaite de Harold d'Angleterre face à Guillaume le Conquérant.
1456	Le pape demande aux Européens de conjurer par leurs prières ce mauvais présage. A été considérée comme la conséquence de la prise de Constantinople par les Turcs trois ans auparavant.
1682	Observée par Edmund Halley, qui s'appuya sur les relevés antérieurs et sur la loi de l'attraction universelle de Newton pour annoncer son passage suivant pour 1758.
1759	Premier passage annoncé de la comète. Son retard d'une année sur la prévision s'explique par un ralentissement de sa course dû à l'attraction de Jupiter.
1835	La capacité des astronomes à prédire ses passages aboutit à éveiller un intérêt chez l'homme de la rue. La peur cède la place à la curiosité.
1910	Examen scientifique de la comète. Certains achètent pourtant des «pilules anti-comète» pour se protéger contre ses effets paraît-il dangereux. Lors de cette apparition, la queue barrait le ciel.
1986	L'apparition la plus décevante, à bien des égards, depuis plus de 2 000 ans. La comète, au plus vif de son éclat, est passée loin de la Terre. Au point le plus proche de la Terre de sa trajectoire (qu'elle atteignit le 10 avril), elle était déjà redevenue terne. Mais, grâce aux méthodes récentes d'investigation, les sondes en premier lieu, les astronomes ont pu recueillir des renseignements passionnants sur Halley et les comètes en général. Il faut mentionner également la coopération internationale des scientifiques à cette occasion.

Peinture italienne due à Giotto. Début du XIVe siècle.

Halley en 1910, d'après une photo.

Image de Halley en 1986 synthétisée sur ordinateur.

Que lire, que visiter, où se renseigner ?

Si vous voulez en savoir plus sur les comètes et les astéroïdes,

Lisez :
- *Les comètes ont-elles tué les dinosaures,* par Isaac Asimov, Père Castor-Flammarion (1989);
- *Astronomie,* sous la direction de Philippe de La Cotardière, Larousse (1989);
- *Comètes, astéroïdes et météores,* Editions Time Life (1991) que vous consulterez dans une bibliothèque ou demanderez à votre libraire.

Allez visiter :
en France :
- le palais de la Découverte, à Paris, Grand Palais, métro Franklin-D.-Roosevelt ou Champs-Élysées-Clemenceau ;
- la Cité des Sciences et de l'Industrie de la Villette, à Paris, métro Porte de la Villette ;
- l'observatoire le plus proche de votre localité. Pour connaître son adresse, écrivez à l'Observatoire de Paris, 61, avenue de l'Observatoire, 75014 Paris.

Et, si vous habitez le **Canada :**
- Planétorium Dow 1000 ouest, rue St-Jacques Montréal, Qc H3C 1G7 ;
- Ontario Science Centre, 770, Down Mills Road Toronto, Ontario M3C 1T3 ;
- Royal Ontario Museum, 100, Queen Park, Toronto, Ontario M5S 2C6 ;
- National Museum of Natural Sciences, Coin McLeod et Metcalfe Ottawa, Ontario K1P 6P4 ;

Si vous voulez connaître les **clubs d'astronomie** de votre région, adressez-vous aux associations suivantes :

en France :
- Association française d'astronomie, tél. (1) 45 89 81 44 ;
- Société astronomique de France, tél. (1) 42 24 13 74 ;

en Belgique :
- Cercle astronomique de Bruxelles (CAB), 43, rue du Coq, 1180 Bruxelles;
- Société astronomique de Liège (SAL) Institut d'astrophysique, Avenue de Cointe 5 4200 Cointe-Liège, tél. 041/52 99 80 ;
- Société royale belge d'astronomie, de météorologie et de physique du globe (SRBA) Observatoire royal de Belgique, Avenue Circulaire 3 1180 Bruxelles tél. 2/373 02 53

en Suisse :
- Société astronomique de Suisse (SAS), Hirtenhofstrasse 9, 6006 Lucerne ;
- Société vaudoise d'astronomie (SVA), chemin de Pierrefleur 22, 1004 Lausanne ;

au Québec :
- Société astronomique de Montréal, tél. (514) 453 0752.

Ecrivez :
- à l'Association française d'astronomie, 17, rue Émile-Deutsch-de-La-Meurthe, 75014 Paris. Vous pouvez également expédier votre demande de renseignement à la boîte aux lettres du service SOSASTRO de l'Association française d'astronomie en faisant sur Minitel 36 15, code AFA, puis en choisissant le service « Astronef » ;
- à la Société astronomique de France (SFA), 3, rue Beethoven, 75016 Paris.

Crédits photo : page de couverture : © Paul Dimare ; p. 4 : © Denis Milon ; p. 5 : © Keith Ward, 1989 ; p. 6 : courtesy of NASA ; p. 7 (pleine page) : © Mark Paternostro, (bas droite) : © Garret Moore, 1987 ; p. 8 : © Michael Carroll ; p. 8/9 : © Helen and Richard Lines ; p. 9 : © Keith Ward, 1989 ; p. 10 : courtesy of AIP Niels Bohr Library ; p. 10/11 : © Julian Baum ; p. 11 : © Mark Maxwell, 1989 ; p. 13 et p. 12/13 (haut) : © Edward J. Olsen, (fond) : photograph by Matthew Groshek, © Gareth Stevens, Inc., 1989, p. 14 : Historial Pictures Service, Chicago ; p. 14/15 et p. 16 (pleine page) : Mary Evans Picture Library, (bas) : © Alan McClure ; p. 16/17 : Yerkes Observatory Photographs ; p.18 et p. 19 : courtesy of Jet Propulsion Laboratory, International Halley Watch ; p.18/19 : (fond) : © Gareth Stevens, Inc., 1989, (bas) : © Max Planck Institute, West Germany ; p. 20/21 (haut) : Neg. # 282680, courtesy Department of Library Services, American Museum of Natural History, (plein page) : Mary Evans Picture Library ; p. 21 : © Gareth Stevens Inc., 1989 ; p. 22 : Naval Research Laboratory ; p.23 (haut) : © Anne Norcia, 1985, (pleine page) : © Paul Diamare, 1987 ; p. 24 (pleine page) : © Bruce Bond, (haut) : US Geological Survey, courtesy of Don E. Wilhelms ans Donald E. Davis ; p. 25 : © Joe Tucciarone, 1987 ; p. 26 : National Radio Astronomy Observatories/AUI ; p. 26/27 : Jet Propulsion Laboratory ; p. 26/27 © Max Planck Institute, West Germany, courtesy of Ball Aerospace ; p. 28 (toutes) et p. 29 (haut et milieu) : © Anne Norcia, 1985, (bas) : courtesy of NASA.

Lexique

Astéroïdes :
Corps célestes faits de roches ou de métal, qui gravitent autour du Soleil et dont les dimensions vont d'un à plusieurs centaines de kilomètres. On en compte plusieurs milliers dans le système solaire, entre les orbites de Mars et de Jupiter. C'est ce qu'on appelle la ceinture d'astéroïdes. Parfois, des astéroïdes apparaissent dans d'autres régions du ciel soit sous forme de météoroïdes, soit parcequ'ils seraient devenus les "lunes" de certaines planètes comme dans le cas de Mars.

Astre :
Tout corps céleste naturel.

Astronomes :
Savants qui étudient les corps célestes.

Atmosphère :
Enveloppe de gaz qui entoure certaines planètes.

Attraction universelle :
On l'appelle aussi : interaction de gravitation. Il s'agit de l'action, découverte par Newton, qu'exercent les corps les uns sur les autres. Deux corps s'attirent en fonction directe de leur masse et en fonction inverse du carré de leur distance. C'est cette loi qui a permis de rendre compte des principaux mouvements des corps célestes, avant d'être développée et complétée par la théorie de la relativité d'Einstein.

Billion :
Chiffre égal à mille milliards.

Bolide :
Pour l'astronome, le bolide est un météore particulièrement brillant qui offre l'aspect d'une boule de feu.

Capture d'astéroïdes :
Se produit quand un astéroïde est attiré dans l'orbite d'une planète, qui ne le laisse plus s'échapper. Les satellites de certaines planètes (comme Mars ou Neptune) pourraient être des astéroïdes capturés.

Ceinture d'astéroïdes :
Région située entre Mars et Jupiter et où l'on a déjà repéré plusieurs milliers d'astéroïdes. On l'appelle aussi ceinture principale ou anneau principal.

Comète :
Corps formé de glace, de pierres et de gaz ; est suivie d'une traînée de vapeur qui devient visible quand l'orbite de la comète est proche du Soleil.

Cométaire :
Qui se rapporte à une comète. Par exemple, «orbite cométaire».

Cratère :
Cavité creusée dans le sol par une explosion volcanique ou par le choc d'une météorite heurtant la surface d'un astre.

Firmament :
Le ciel, la voûte céleste.

Gravité :
Force d'attraction exercée par un corps céleste.

Graviter :
Un astre plus léger gravite autour d'un autre plus lourd quand il est obligé de tourner autour de lui sous l'action de sa force gravitationnelle.

Iridium :
Elément rare que l'on rencontre plus fréquemment sur les autres astres que dans l'écorce terrestre.

Météore :
Météoroïde qui a pénétré dans l'atmosphère terrestre.

Météorite :
Ce qui reste d'un météoroïde après qu'il a heurté la Terre.

Météoroïde :
Bloc de rocher ou de métal se déplaçant dans l'espace. Les météoroïdes peuvent avoir la taille des astéroïdes, mais parfois aussi ils ne dépassent pas celle d'un grain de poussière.

Nébuleuse :
Immense nuage de poussière et de gaz situé dans l'espace.

Ondes radio (ou radioélectriques) :
Rayonnement d'énergie sur une longueur d'onde supérieure à celle de la lumière visible, et qui ne peut donc être capté que grâce à un récepteur radio.

Orbite :
Trajectoire, en général de forme à peu près circulaire, parcourue dans l'espace par les corps célestes.

Pierre de lune :
Nom commun de l'adulaire, minéral aux reflets argentés.

Pluton :
Planète du système solaire la plus éloignée du Soleil, si petite qu'elle est parfois considérée comme un gros astéroïde.

Radiotélescope :
Appareil qui comporte un récepteur radio et une antenne. Il permet de prendre des clichés et de capter des messages venant de l'espace.

Sondes spatiales :
Satellites qui voyagent dans l'espace, photographient les corps célestes et se posent même sur certains d'entre eux.

Isaac Asimov

Né en 1920 en Russie, Isaac Asimov a suivi très jeune ses parents aux États-Unis, où il a fait des études de biochimie avant de devenir l'un des écrivains les plus féconds de notre siècle. On lui doit plus de quatre cents titres publiés dans des domaines aussi différents que la science, l'histoire, la théorie du langage, les romans fantastiques et de science-fiction. Sa brillante imagination et sa vaste érudition ont su lui gagner l'attachement de ses lecteurs, enfants comme adultes. Il a obtenu le prix Hugo de la science-fiction et le prix Westinghouse de l'Association américaine attribué à des ouvrages scientifiques. Il est surprenant de constater que de nombreuses anticipations d'Isaac Asimov se sont révélées prémonitoires. Et c'est là une des raisons de l'attrait qu'exercent ses textes.

Isaac Asimov a déjà beaucoup écrit pour les jeunes et son intérêt pour la littérature de jeunesse ne fait que croître avec les années. Passionné à traquer le savoir, il cherche à faire partager ses découvertes, à les redire avec ses mots à lui, en les rendant plus accessibles, plus facilement compréhensibles. Il possède de remarquables talents de pédagogue : sa plume, quand il traite de la science, est animée d'un tel enthousiasme pour son sujet qu'on ne peut s'empêcher de le partager. Mais Isaac Asimov ne se contente pas de transmettre des connaissances, il est profondément préoccupé par les conséquences que peut avoir la science sur le destin de l'homme.

" Mon message, c'est que vous vous souveniez toujours que la science, si elle est bien orientée, est capable de résoudre les graves problèmes qui se posent à nous aujourd'hui. Et qu'elle peut aussi bien, si l'on en fait un mauvais usage, anéantir l'humanité. La mission des jeunes, c'est d'acquérir les connaissances qui leur permettront de peser sur l'utilisation qui en est faite."

Isaac Asimov

La Bibliothèque de l'Univers

On comprend qu'avec de telles préoccupations, Isaac Asimov ait été amené à s'intéresser à l'espace, où se trouvent les clés de l'apparition et du maintien de la vie sur la Terre. Le cosmos a tout particulièrement inspiré les œuvres d'imagination d'Asimov, mais ce dernier lui a également consacré des études d'un niveau élevé.

Et voici que maintenant, Isaac Asimov s'est attelé à la rédaction d'une véritable Bibliothèque de l'Univers, source d'informations unique en son genre, qui englobe à la fois le passé, le présent et l'avenir. Pendant des mois de préparation, l'auteur s'est interrogé sur ce que sera l'espace quand nos enfants auront grandi. Ils seront témoins de l'établissement d'une station spatiale, de la lente mise en route d'exploitations minières sur le sol de la Lune. Ils suivront peut-être le vol d'une équipe mixte USA/URSS vers Mars.

La passion d'Asimov à «enseigner l'espace» n'est pas une fin en soi. «*Plus il y aura d'êtres humains captivés par la science, écrit-il, et plus notre société sera en sécurité.*»

Titres parus :
Les astéroïdes
Les comètes
ont-elles tué les dinosaures ?
Fusées, satellites et sondes spatiales
Guide pour observer le ciel
La Lune
Mars, notre mystérieuse voisine
Notre système solaire
Notre Voie lactée
et les autres galaxies
Pulsars, quasars et trous noirs
Saturne et sa parure d'anneaux
Le Soleil
Uranus : la planète couchée
La Terre : notre base de départ
Y a-t-il de la vie
sur les autres planètes ?
Comment est né l'Univers ?
Mercure : la planète rapide
Les objets volants non identifiés
Les astronomes d'autrefois
Vie et mort des étoiles
Jupiter : la géante tachetée
Science-fiction et faits de science
La pollution de l'espace
Pluton : une planète double ?
La colonisation
des planètes et des étoiles
Comètes et météores
Les mythes du ciel
Vols spatiaux habités
Neptune : la planète glacée

A paraître :
Vénus : un mystère bien enveloppé
Les programmes
spatiaux dans le monde
L'astronomie aujourd'hui
Le génie astronomique